— ❧ — *Ce livre appartient à* — ❧ —

Nom :

Téléphone :

Adresse :

Parfait pour le chef de chantier ou le directeur

Nom du projet :

N° du projet :

Date :

Contremaître :

Jour :

Visiteurs	Programme

Problèmes	Questions de sécurité

Résumé du travail

Signature :

Employé	Commerce	Heures	Heures supplémentaires

Équipement sur place	Nombre d'unités

Matériaux livrés	Nombre d'unités	Équipement loué	Taux

Autres

Notes :

Nom du projet :

N° du projet :

Date :

Contremaître :

Jour :

Visiteurs

Programme

Problèmes

Questions de sécurité

Résumé du travail

Signature :

Employé	Commerce	Heures	Heures supplémentaires

Équipement sur place	Nombre d'unités

Matériaux livrés	Nombre d'unités	Équipement loué	Taux

Autres

Notes :

Nom du projet :

N° du projet :

Date :

Contremaître :

Jour :

Visiteurs

Programme

Problèmes

Questions de sécurité

Résumé du travail

Signature :

Employé	Commerce	Heures	Heures supplémentaires

Équipement sur place	Nombre d'unités

Matériaux livrés	Nombre d'unités	Équipement loué	Taux

Autres

Notes :

Nom du projet :

N° du projet :

Date :

Contremaître :

Jour :

Visiteurs

Programme

Problèmes

Questions de sécurité

Résumé du travail

Signature :

Employé	Commerce	Heures	Heures supplémentaires

Équipement sur place	Nombre d'unités

Matériaux livrés	Nombre d'unités	Équipement loué	Taux

Autres

Notes :

Nom du projet :

N° du projet :

Date :

Contremaître :

Jour :

Visiteurs	Programme

Problèmes	Questions de sécurité

Résumé du travail

Signature :

Employé	Commerce	Heures	Heures supplémentaires

Équipement sur place	Nombre d'unités

Matériaux livrés	Nombre d'unités	Équipement loué	Taux

<table>
<tr><td align="center">Autres</td></tr>
</table>

Notes :

Nom du projet :

N° du projet :

Date :

Contremaître :

Jour :

<table>
<tr><td>Visiteurs</td><td>Programme</td></tr>
</table>

<table>
<tr><td>Problèmes</td><td>Questions de sécurité</td></tr>
</table>

Résumé du travail

Signature :

Employé	Commerce	Heures	Heures supplémentaires

Employé	Commerce	Heures	Heures supplémentaires

Équipement sur place	Nombre d'unités

Matériaux livrés	Nombre d'unités	Équipement loué	Taux

Autres

Notes :

Nom du projet :

N° du projet :

Date :

Contremaître :

Jour :

Visiteurs	Programme

Problèmes	Questions de sécurité

Résumé du travail

Signature :

Employé	Commerce	Heures	Heures supplémentaires

Équipement sur place	Nombre d'unités

Matériaux livrés	Nombre d'unités	Équipement loué	Taux

Autres

Notes :

Nom du projet :

N° du projet :

Date :

Contremaître :

Jour :

Visiteurs

Programme

Problèmes

Questions de sécurité

Résumé du travail

Signature :

Employé	Commerce	Heures	Heures supplémentaires

Équipement sur place	Nombre d'unités

Matériaux livrés	Nombre d'unités	Équipement loué	Taux

Autres

Notes :

Nom du projet :

N° du projet :

Date :

Contremaître :

Jour :

Visiteurs	Programme

Problèmes	Questions de sécurité

Résumé du travail

Signature :

Employé	Commerce	Heures	Heures supplémentaires

Équipement sur place	Nombre d'unités

Matériaux livrés	Nombre d'unités	Équipement loué	Taux

<table>
<tr><td align="center">Autres</td></tr>
</table>

Notes :

Nom du projet :

N° du projet :

Date :

Contremaître :

Jour :

Visiteurs	Programme

Problèmes	Questions de sécurité

Résumé du travail

Signature :

Employé	Commerce	Heures	Heures supplémentaires

Équipement sur place	Nombre d'unités

Matériaux livrés	Nombre d'unités	Équipement loué	Taux

Autres

Notes :

Nom du projet :

N° du projet :

Date :

Contremaître :

Jour :

Visiteurs	Programme

Problèmes	Questions de sécurité

Résumé du travail

Signature :

Employé	Commerce	Heures	Heures supplémentaires

Équipement sur place	Nombre d'unités

Matériaux livrés	Nombre d'unités	Équipement loué	Taux

Autres

Notes :

Nom du projet :

N° du projet :

Date :

Contremaître :

Jour :

Visiteurs	Programme

Problèmes	Questions de sécurité

Résumé du travail

Signature :

Employé	Commerce	Heures	Heures supplémentaires

Équipement sur place	Nombre d'unités

Matériaux livrés	Nombre d'unités	Équipement loué	Taux

Autres

Notes :

Nom du projet :

N° du projet :

Date :

Contremaître :

Jour :

Visiteurs

Programme

Problèmes

Questions de sécurité

Résumé du travail

Signature :

Employé	Commerce	Heures	Heures supplémentaires

Équipement sur place	Nombre d'unités

Matériaux livrés	Nombre d'unités	Équipement loué	Taux

Autres

Notes :

Nom du projet :

N° du projet :

Date :

Contremaître :

Jour :

Visiteurs

Programme

Problèmes

Questions de sécurité

Résumé du travail

Signature :

Employé	Commerce	Heures	Heures supplémentaires
Employé	Commerce	Heures	Heures supplémentaires

Équipement sur place	Nombre d'unités

Matériaux livrés	Nombre d'unités	Équipement loué	Taux

Autres

Notes :

Nom du projet :

Contremaître :

N° du projet :

Date :

Jour :

Visiteurs	Programme

Problèmes	Questions de sécurité

Résumé du travail

Signature :

Employé	Commerce	Heures	Heures supplémentaires

Équipement sur place	Nombre d'unités

Matériaux livrés	Nombre d'unités	Équipement loué	Taux

Autres

Notes :

Nom du projet :

N° du projet :

Date :

Contremaître :

Jour :

Visiteurs	Programme

Problèmes	Questions de sécurité

Résumé du travail

Signature :

Employé	Commerce	Heures	Heures supplémentaires

Équipement sur place	Nombre d'unités

Matériaux livrés	Nombre d'unités	Équipement loué	Taux

<table><tr><td align="center">Autres</td></tr></table>

Notes :

Nom du projet :

N° du projet :

Date :

Contremaître :

Jour :

Visiteurs

Programme

Problèmes

Questions de sécurité

Résumé du travail

Signature :

Employé	Commerce	Heures	Heures supplémentaires

Équipement sur place	Nombre d'unités

Matériaux livrés	Nombre d'unités	Équipement loué	Taux

Autres

Notes :

Nom du projet :

N° du projet :

Date :

Contremaître :

Jour :

Visiteurs

Programme

Problèmes

Questions de sécurité

Résumé du travail

Signature :

Employé	Commerce	Heures	Heures supplémentaires

Équipement sur place	Nombre d'unités

Matériaux livrés	Nombre d'unités	Équipement loué	Taux

Autres

Notes :

Nom du projet :

Contremaître :

N° du projet :

Date :

Jour :

Visiteurs

Programme

Problèmes

Questions de sécurité

Résumé du travail

Signature :

Employé	Commerce	Heures	Heures supplémentaires

Équipement sur place	Nombre d'unités

Matériaux livrés	Nombre d'unités	Équipement loué	Taux

Autres

Notes :

Nom du projet :

N° du projet :

Date :

Contremaître :

Jour :

Visiteurs

Programme

Problèmes

Questions de sécurité

Résumé du travail

Signature :

Employé	Commerce	Heures	Heures supplémentaires

Équipement sur place	Nombre d'unités

Matériaux livrés	Nombre d'unités	Équipement loué	Taux

Autres

Notes :

Nom du projet :

N° du projet :

Date :

Contremaître :

Jour :

Visiteurs

Programme

Problèmes

Questions de sécurité

Résumé du travail

Signature :

Employé	Commerce	Heures	Heures supplémentaires

Équipement sur place	Nombre d'unités

Matériaux livrés	Nombre d'unités	Équipement loué	Taux

<table>
<tr><td align="center">Autres</td></tr>
</table>

Notes :

Nom du projet :

N° du projet :

Date :

Contremaître :

Jour :

Visiteurs

Programme

Problèmes

Questions de sécurité

Résumé du travail

Signature :

Employé	Commerce	Heures	Heures supplémentaires

Équipement sur place	Nombre d'unités

Matériaux livrés	Nombre d'unités	Équipement loué	Taux

Autres

Notes :

Nom du projet :

N° du projet :

Date :

Contremaître :

Jour :

Visiteurs

Programme

Problèmes

Questions de sécurité

Résumé du travail

Signature :

Employé	Commerce	Heures	Heures supplémentaires

Équipement sur place	Nombre d'unités

Matériaux livrés	Nombre d'unités	Équipement loué	Taux

Autres

Notes :

Nom du projet :	N° du projet :
	Date :
Contremaître :	Jour :

Visiteurs	Programme

Problèmes	Questions de sécurité

Résumé du travail

Signature :

Employé	Commerce	Heures	Heures supplémentaires

Équipement sur place	Nombre d'unités

Matériaux livrés	Nombre d'unités	Équipement loué	Taux

Autres

Notes :

Nom du projet :	N° du projet :
Contremaître :	Date :
	Jour :

<table>
<tr><td colspan="2">Visiteurs</td><td>Programme</td></tr>
</table>

<table>
<tr><td colspan="2">Problèmes</td><td>Questions de sécurité</td></tr>
</table>

Résumé du travail

Signature :

Employé	Commerce	Heures	Heures supplémentaires

Équipement sur place	Nombre d'unités

Matériaux livrés	Nombre d'unités	Équipement loué	Taux

Autres

Notes :

Nom du projet :

N° du projet :

Date :

Contremaître :

Jour :

Visiteurs

Programme

Problèmes

Questions de sécurité

Résumé du travail

Signature :

Employé	Commerce	Heures	Heures supplémentaires

Équipement sur place	Nombre d'unités

Matériaux livrés	Nombre d'unités	Équipement loué	Taux

<table>
<tr><th>Autres</th></tr>
</table>

Notes :

Nom du projet :

N° du projet :

Date :

Contremaître :

Jour :

Visiteurs

Programme

Problèmes

Questions de sécurité

Résumé du travail

Signature :

Employé	Commerce	Heures	Heures supplémentaires

Équipement sur place	Nombre d'unités

Matériaux livrés	Nombre d'unités	Équipement loué	Taux

Autres

Notes :

Nom du projet :

N° du projet :

Date :

Contremaître :

Jour :

Visiteurs	Programme

Problèmes	Questions de sécurité

Résumé du travail

Signature :

Employé	Commerce	Heures	Heures supplémentaires

Équipement sur place	Nombre d'unités

Matériaux livrés	Nombre d'unités	Équipement loué	Taux

<table>
<tr><th>Autres</th></tr>
<tr><td></td></tr>
</table>

Notes :

Nom du projet :

N° du projet :

Date :

Contremaître :

Jour :

Visiteurs

Programme

Problèmes

Questions de sécurité

Résumé du travail

Signature :

Employé	Commerce	Heures	Heures supplémentaires

Équipement sur place	Nombre d'unités

Matériaux livrés	Nombre d'unités	Équipement loué	Taux

Autres

Notes :

Nom du projet :

N° du projet :

Date :

Contremaître :

Jour :

Visiteurs	Programme

Problèmes	Questions de sécurité

Résumé du travail

Signature :

Employé	Commerce	Heures	Heures supplémentaires

Équipement sur place	Nombre d'unités

Matériaux livrés	Nombre d'unités	Équipement loué	Taux

<table>
<tr><td align="center">Autres</td></tr>
</table>

Notes :

9 783986 082017